AF461451

PREMIER APERÇU

SUR LES RÉSULTATS

DE

LA CAMPAGNE DE 1868

AU MOYEN DES ENGRAIS CHIMIQUES.

EXTRAIT DU JOURNAL D'AGRICULTURE PRATIQUE
(N° 14, 8 avril 1869).

PREMIER APERÇU

SUR LES RÉSULTATS

DE

LA CAMPAGNE DE 1868

AU MOYEN DES ENGRAIS CHIMIQUES

PAR

M. GEORGES VILLE.

PARIS
LIBRAIRIE DE LA MAISON RUSTIQUE
RUE JACOB, 26.

1869.

PREMIER APERÇU

SUR LES RÉSULTATS

DE

LA CAMPAGNE DE 1868

AU MOYEN DES ENGRAIS CHIMIQUES

LA BETTERAVE.

L'année prochaine, à pareille époque, dix ou quinze mille champs d'expériences au moins seront disséminés sur toute l'étendue de notre territoire. Ecoles régionales, fermes-écoles, sociétés d'agriculture et comices et écoles primaires, sont appelés à prendre part à ce pacifique concours destiné à faire pénétrer jusqu'aux dernières profondeurs des classes agricoles la connaissance des lois qui règlent la production des végétaux.

A la dernière réunion des sociétés savantes, le Ministre de l'instruction publique a admirablement défini le caractère du mouvement qui nous entraîne : « La science, a-t-il dit, sent qu'elle doit se faire démocratique par les applications, tout en restant par les théories réservée à l'élite des intelligences. » Oui, la science a l'ambition d'étendre sur les classes populaires les bienfaits de l'instruction. Vingt-trois millions de nos concitoyens cultivent la terre à la grâce de Dieu, sans avoir la première notion des conditions qui pourraient féconder leur labeur et en doubler ou en tripler les fruits. C'est cette situation que les efforts réunis des Ministres de l'agriculture et de l'instruction publique ont eu pour objet de faire cesser, lorsque ces deux éminents représentants du pouvoir ont résolu de favoriser la création de champs d'expériences au moyen des engrais chimiques.

Le Ministre de l'agriculture, s'adressant aux directeurs des fermes-écoles de l'Empire, leur a dit :

« Vous n'ignorez pas que des expériences sont poursuivies depuis plusieurs années pour connaître exactement la nature des agents de fertilité auxquels on peut recourir pour suppléer à l'insuffisance notoire des ressources de l'agriculture en fumier : Il serait donc utile que les fermes-écoles ne restassent pas étrangères à un mouvement qui préoccupe l'opinion, et dont les conséquences sont appelées à devenir considérables si les essais auxquels on se livre de toutes parts devaient consacrer les notions nouvelles auxquelles ils se rattachent. »

Dans une circulaire aux préfets, le ministre de l'instruction publique, se ralliant à l'opinion de son éminent collègue, ajoute à son tour :

« Les instituteurs de l'arrondissement de Thionville, donnant à cet égard un excellent exemple, ont fait sur les engrais chimiques une quarantaine d'expériences qui ont fixé l'attention du comice de cet arrondissement.

« Un document récent, publié par les soins de ce comice, constate que 1,200 kilogr. d'engrais chimique, du prix de 360 fr., ont produit en moyenne 54,222 kilogr. de betteraves à l'hectare, alors que 72,000 kilogr. de fumier ordinaire estimés aussi 360 fr. (5 fr. les 1,000 kilogr.!), n'en ont produit que 48,888.

« Ce qu'ont fait les instituteurs primaires de l'arrondissement de Thionville, ajoute le ministre, d'autres peuvent le tenter, et, c'est ainsi qu'il a été amené à prescrire l'annexion d'un petit champ d'expériences à toutes les écoles primaires de l'Empire. »

L'impulsion est donc maintenant donnée, et il n'y a plus qu'à en attendre les résultats.

Mais il ne faut pas que l'action gouvernementale, si prééminente qu'elle puisse être sur l'initiative privée, la paralyse ou la décourage : au contraire, il y a là deux grands courants qui, semblables aux affluents d'un fleuve, doivent se réunir pour élever le niveau de nos connaissances communes.

Le monde agricole ne peut oublier que le *Journal d'Agriculture pratique* et le *Journal des Fabricants de sucre* ont provoqué une enquête sur les engrais chimiques, et qu'on doit à leur initiative des observations du plus haut intérêt. Ce qui a manqué peut-être aux résultats qui ont été publiés jusqu'ici, pour acquérir aux yeux de tous leur véritable portée et leur exacte signification, c'est d'être raffermis et fécondés par le rapprochement et la comparaison.

Devenu depuis trois ans le centre d'une correspondance agricole extrêmement étendue, il m'a été donné de recueillir un grand nombre de faits pratiques restés pour la plupart inédits, et dont la publication me paraît devoir former le complément de l'enquête.

Si les questions agricoles sont si difficiles à résoudre, elles le doivent à la variété presque infinie des conditions où elles se produisent et à la multiplicité des influences qui les affectent. Pour arriver à des conclusions générales et sûres, il faut procéder avec ordre, s'attacher à un point de vue nettement circonscrit, épuiser l'un après l'autre chaque terme du sujet, sans vouloir devancer le résultat de leur expression collective, c'est ce que je compte faire.

Jusqu'à ces trente dernières années, le fumier de ferme a été le seul agent de fertilité employé par l'agriculture. Pour beaucoup de bons esprits, c'est encore le plus économique et le seul dont l'efficacité soit durable, parce que seul il réalise, pensent-ils, des combinaisons mystérieuses favorables à la vie des plantes. — A côté de cette opinion il s'en est produit une autre : c'est que dans l'efficacité du fumier il n'y a pas de mystère. — Pour les partisans de cette opinion, l'efficacité du fumier est due au phosphate de chaux, à la potasse, à la chaux et à la matière azotée qu'il contient. D'après eux, l'association de ces quatre corps possède toutes les propriétés du fumier, et l'emporte même sur lui, dans la plus grande généralité des cas, par les rendements qu'elle détermine et par son prix de revient.

Où est la vérité entre ces deux opinions? Pour le décider il y a qu'un moyen : en appeler à l'expérience. Divisant donc les divers termes de notre sujet, afin de les résoudre plus sûrement, réservons de parti pris la question de dépense et de profit, cette question viendra plus tard. Bornons-nous à ce premier point : comparaison entre le fumier de ferme et l'engrais chimique complet. Rapprochons les rendements, laissons les faits conclure eux-mêmes, et pour rendre cette comparaison plus décisive, recueillons en chapitre séparé les résultats obtenus sur chaque nature de culture.

Je commence cette étude par la betterave. J'ai pu réunir cent soixante résultats, appartenant tous à la campagne de 1868. Je les ai divisés en six catégories différentes dont les rendements se classent ainsi :

	Rendement à l'hectare.
1re catégorie.........	70,000 kil. et au-dessus.
2e —	60,000 à 70,000 kilogr.
3e —	50,000 à 60,000 —
4e —	40,000 à 50,000 —
5e —	30,000 à 40,000 —
6e —	20,000 à 30,000 —

Pour ces six catégories, je le répète, un point de vue, un seul nous occupera, c'est la comparaison entre les rendements obtenus avec le fumier de ferme et l'engrais complet.

Je cède la parole aux faits et à l'expérience :

Première série.

Rendements compris entre 70.000 et 140.000 *kilogr. de racines par hectare.*

M. Junger, à Manom (Moselle).

Kilogr.		Rendements par hectare.	Excédant sur la terre sans aucun engrais.
1.200	Engrais complet n° 2..	142.000	46.900
30.000	Fumier de ferme......	106.500	11.400
»	Terre sans aucun engrais.	95.100	»

M. Tourelle, à Veymerange (Moselle).

Kilogr.		Rendements par hectare.	Excédant sur la terre sans aucun engrais.
1.200	Engrais complet n° 2...	105.000	60.000
40.500	Fumier de ferme......	75.000	30.000
»	Terre sans aucun engrais.	45.000	»

M. Forey, à Montluçon (Allier).

Kilogr.		Rendements par hectare.	Excédant sur la terre sans aucun engrais.
1.600	Engrais complet intensif nº 2	100.000	»

M. Hym, à Florange (Moselle).

1.200	Engrais complet nº 2	87.000	15.000
150.000	Fumier de ferme	87.000	15.000
»	Terre sans aucun engrais	72.000	»

M. Dufort, à Monneren (Moselle).

1.200	Engrais complet nº 2	75.000	30.000
60.000	Fumier de ferme	60.000	15.000
»	Terre sans aucun engrais	45.000	»

M. Lavaux, à Choisy-le-Temple (Seine-et-Marne).

2.330	Engrais complet nº 2	74.513	»
»	Rendement moyen dans la région	40.000	»

M. Cail, à la Briche (Indre-et-Loire).

1.600	Engrais complet intensif nº 2	73.000	»
60.000	Fumier de ferme	67.500	»
30.000	Fumier de ferme	55.000	»

M. Fantboa, à Fumal (Belgique).

1.200	Engrais complet nº 2	72.000	»
»	Fumier de ferme	57.000	»

Moyenne des rendements.

1.441 kilogr.	*Engrais chimiques.*	91.064 kilogr.
60.071 »	*Fumier de ferme..*	70.142 »
Excédant en faveur des engrais chimiques		20.922 kilogr.

Deuxième série.

Rendements compris entre 60.000 *et* 70.000 *kilogr. de racines par hectare.*

M. Prévost, à Calais (Pas-de-Calais).

Betteraves (globes jaunes).

1.600	Engrais complet intensif nº 2	69.400	12.100

Kilogr.		Rendements par hectare.	Excédant sur la terre sans aucun engrais.
1.200	Engrais complet n° 2..	69.900	12.600
60.000	Fumier de ferme......	65.200	7.900
30.000	Fumier de ferme......	57.800	500
»	Terre sans aucun engrais	57.300	»

BETTERAVES A SUCRE.

1.600	Engrais complet intensif n° 2..............	68.100	14.600
1.200	Engrais complet n° 2...	67.900	14.400
60.000	Fumier de ferme......	64 700	11.200
30.000	Fumier de ferme......	37.700	en perte.
»	Terre sans aucun engrais.	53,500	»

M. GRANDEAU, à Nancy (Meurthe).

1.800	Engrais complet intensif n° 2..............	69.700	19.420
1.650	Engrais complet n° 2...	58.950	8.670
»	Terre sans aucun engrais	50.280	»

M. BOLOGNE, à Schrémange (Moselle).

1.200	Engrais complet n° 2...	68 100	12.300
66.000	Fumier de ferme......	61.500	5.700
»	Terre sans aucun engrais	55.800	»

M. BAÜER, à Cattenom (Moselle).

1.200	Engrais complet n° 2...	66.600	30.000
75.000	Fumier de ferme......	42 000	6.000
»	Terre sans aucun engrais	36.000	»

M. WARREN, colonie de Mettray (Indre-et-Loire).

500	Engrais complet n° 2..	65.000	20.750
»	Terre saus aucun engrais	44.250	»

SOCIÉTÉ D'AGRICULTURE D'ARRAS.

1.600	Engrais complet intensif n° 2..............	63.600	22.200
60.000	Fumier de ferme......	60.500	19.100
30.000	Fumier de ferme......	58.200	16.600
	Terre sans aucun engrais	41.400	»

M. VERLAT-CARLIER, Visé-les-Liége (Belgique).

1.600	Engrais complet intensif n° 2..............	61.500	31.500
»	Terre sans aucun engrais	30.000	»

Kilogr.		Rendements par hectare.	Excédant sur la terre sans aucun engrais.
	M. Hourier, à Kremrich (Moselle).		
1.600	Engrais complet intensif n° 2...............	60.000	40.000
50.000	Fumier de ferme......	39.600	19.600
»	Terre sans aucun engrais	20.000	»
	M. de Larevanchère, à Villegast (Charente).		
1.200	Engrais complet n° 2...	60.200	51.600
60.000	Fumier de ferme......	36.200	27.600
30.000	Fumier de ferme......	34.000	25.400
»	Terre sans aucun engrais	8.600	»
	M. Cavallier, au Mesnil-Saint-Nicaise (Somme).		
1.700	Engrais complet intensif.	60.000	»
60.000	Fumier de ferme......	28.000	»
	M. Motel, à Compiègne (Oise).		
1.200	Engrais complet n° 2..	59.900	8.000
60.000	Fumier de ferme......	37.900	en perte
30.000	Fumier de ferme......	44.900	en perte
»	Terre sans aucun engrais	51.900	»
	M. Liedekerke, à Bruxelles (Belgique).		
	BETTERAVES JAUNES.		
1.200	Engrais complet n° 2...	59.892	»
»	Fumier de ferme......	53.647	»
	M. Ch. de Hédouville, à Saint-Dizier (Haute-Marne).		
1.200	Engrais complet n° 2...	59.600	8.800
»	Terre sans aucun engrais	50.800	»
	M. Godefroy, à Châteauroux (Indre).		
1.200	Engrais complet n° 2...	60.260	12.327
»	Terre sans aucun engrais	48.293	»
	M. Cail, à la Briche (Indre-et-Loire).		
1.200	Engrais complet n° 2...	65.000	»
60.000	Fumier de ferme......	67.500	»
30.000	Fumier de ferme......	55.000	»
	Mme Chenu mère, au Coteau, par Metrai-sur-Yèvre (Cher).		
1.200	Engrais complet n° 2...	60.000	»

MOYENNE DES RENDEMENTS.

1.335 kilogr.	*Engrais complet n° 2.*	63.507 kilogr.
50.058 »	*Fumier de ferme...*	49.900 »
	Excédant en faveur de l'engrais chimique.........	13.607 »

Troisième série.

De 50.000 à 60.000 kilogr. de racines par hectare.

SOCIÉTÉ D'AGRICULTURE, à Compiègne (Oise).

Kilogr.		Rendements par hectare.	Excédant sur la terre sans aucun engrais.
1.200	Engrais complet.......	59.900	8.200
1.600	Engrais complet intensif.	51.700	»
60.000	Fumier de ferme......	37.900	en perte.
30.000	Fumier de ferme......	44.900	en perte.
»	Terre sans aucun engrais	51.700	»
	M. GEORGES, à Hargival (Aisne).		
1.600	Engrais complet intensif n° 2..............	58.560	24.934
60.000	Fumier de ferme......	49.690	16.060
30.000	Fumier de ferme......	42.460	8.830
»	Terre sans aucun engrais	33.630	»
	M. DE GUAITA, à Nancy (Meurthe).		
1.600	Engrais complet intensif n° 2..............	57.662	36.831
60.000	Fumier de ferme......	24.046	3.215
»	Terre sans aucun engrais	20.831	»
	M. CRÉPIN (1), à Noyelles (Nord).		
1.750	Engrais complet intensif n° 2................	55.100	12.600
1.200	Engrais complet.......	56.100	13.600
»	Terre sans aucun engrais	42.500	»
	M. CHAVÉE-LEROY, à Clermont-les-Fermes (Aisne).		
1.600	Engrais complet intensif n° 2..............	56.440	24.940
1.200	Engrais complet n° 2...	50.080	18.580

(1) Ces trois parcelles avaient reçu du fumier de ferme.

Kilogr.		Rendements par hectare.	Excédant sur la terre sans aucun engrais.
40.000	Fumier et écumes de défécations........	47.300	15.800
»	Terre sans aucun engrais	31.500	»
	M. de Hédouville, à Saint-Dizier (Haute-Marne).		
1.800	Engrais complet intensif n° 2...............	55.600	4.800
44.000	Fumier de ferme.......	52.400	1.600
»	Terre sans aucun engrais	50.800	»
	Société d'agriculture de Melun. Ferme de Villaroche (Seine-et-Marne).		
1.129	Engrais complet intensif n° 2............	55.010	10.266
50.000	Fumier de ferme......	43.569	»
	Terre sans aucun engrais	44.744	»
	M. Retaillon, à la Colette (Maine-et-Loire).		
1.300	Engrais complet intensif n° 2................	55.000	»
»	Fumier de ferme.......	32.000	»
	M. Cavallier, au Mesnil-Saint-Nicaise (Somme).		
1.700	Engrais complet.......	55.000	34.000
1.200	— —	52.500	31.500
1.200	— —	51.500	30.500
1.200	— —	50.700	29.700
60.000	Fumier de ferme.......	28.000	7.000
»	Terre sans aucun engrais	21.000	»
	M. Warren, Colonie de Mettray (Indre-et-Loire).		
500	Engrais complet........	55.050	10.800
»	Terre sans aucun engrais	44.250	»
	M. Cauchois, à Creil (Oise).		
1.600	Engrais complet intensif n° 2..............	55.700	24.200
1.200	Engrais complet.......	47.600	16.100
»	Terre sans aucun engrais	31.500	»
	M. Gromier, à Lyon (Rhône).		
1.200	Engrais complet.......	55.000	»
»	Fumier de ferme......	25.000	»

M. Godefroy, à Châteauroux (Indre).

Kilogr.		Rendements par hectare.	Excédant sur la terre sans aucun engrais.
1.600	Engrais complet intensif n° 2...............	54.650	6.357
800	Autre engrais chimique.	57.076	9.000
»	Terre sans aucun engrais	48.293	»

M. Poncelet, à Douzy (Ardennes).

1.200	Engrais complet n° 1..	53.000	12.000
104.000	Fumier d'écurie........	48.000	7.000
80.000	Fumier d'étable........	54.000	13.000
100.000	Fumier de mouton.....	50.000	9.000
88.000	Fumier mélangé.......	42.500	1.500
	Terre sans aucun engrais	41.000	»

M. Boursier, à Chevrières (Oise).

1.600	Engrais complet intensif.	52.600	16.600
60.000	Fumier de ferme	48.300	12.300
30.000	Fumier de ferme.......	43.000	7.000
»	Terre sans aucun engrais	36.000	»

M. Pluchet, au Coudray (Seine-et-Oise).

1.200	Engrais complet.......	50.000	»
35.000	Fumier.................	40.000	»

M. Motel, à Compiègne (Oise).

1.600	Engrais complet intensif n° 2...............	51.700	»
60.000	Fumier de ferme	37.900	»

M. Goussard, château de Haut-Brizay (Indre-et-Loire).

1.400	Engrais complet intensif n° 2...............	51.500	»
»	Fumier de mouton	55.600	»
»	Fumier de vache......	43.600	»
»	Fumier de cheval......	42.800	»
»	Fumier de porc........	46.000	»

M. Jacotin, à Rethel (Ardennes).

1.200	Engrais complet.......	55.355	»
1.200	Engrais complet n° 2...	50.655	»
»	Fumier de ferme......	45.140	»

M. Teyssier des Farges, à Beaulieu (Seine-et-Marne).

Kilogr.		Rendements par hectare.	Excédant sur la terre sans aucun engrais.
1.200	Engrais complet n° 2...	54.360	»
60.000	Fumier de ferme......	42.280	»
»	Terre sans aucun engrais	34.610	»

M. Belin, à Brie-Comte-Robert (Seine-et-Marne).

1.600	Engrais complet intensif n° 2..............	54.800	»
1.600	Engrais complet intensif n° 2..............	52.060	»

M. Robert, à Mont-Saint-Martin.

1.300	Engrais complet n° 2..	52.300	»
30.000	Fumier de ferme suivi d'un parcage.........	60.600	»

M. Pilat, à Brebières (Pas-de-Calais).

1.600	Engrais complet intensif n° 2...............	52.000	6.200
1 200	Engrais complet n° 2..	52.300	6.500
60.000	Fumier de ferme......	49.700	3.900
30.000	Fumier de ferme......	49.200	3.400
»	Terre sans aucun engrais	45.800	»

M. Triboulet, à Arsainvilliers (Oise).

1.600	Engrais complet intensif.	50.000	24.700
»	Terre sans aucun engrais	25.300	»

MOYENNE DES RENDEMENTS.

1.362 kilogr.	*Engrais chimique*..	53 673 kilogr.
55.045 »	*Fumier de ferme*...	43.670 »
	Excédant en faveur de l'engrais chimique.........	10.003 »

Quatrième série.

Rendements compris entre 40.000 *et* 50.000 *kilogr. de racines par hectare.*

M. Floner, à Metzeresch (Moselle).

1.200	Engrais complet n° 2...	49.500	32.100
75.000	Fumier de ferme	33.000	15.600
»	Terre sans aucun engrais	17.400	»

Kilogr.		Rendements par hectare.	Excédant sur la terre sans aucun engrais.
	M. Lehout, à Saint-Quentin (Aisne).		
800	Engrais complet n° 1...	48.600	»
»	Fumier et déchets gras..	27.800	»
	M. Fiévet, à Masny (Nord).		
1.600	Engrais complet intensif n° 2...............	48.048	»
62.000	Fumier ou purin......	51.550	»
	M. Hubert, à Frethun (Pas-de-Calais).		
1.200	Engrais complet n° 2...	48.000	»
»	Fumier de ferme......	48.000	»
	M. Schlesser, à Hettange-la-Grande (Moselle).		
1.200	Engrais complet n° 2...	48.000	21.000
120 000	Fumier de ferme.......	39.000	12.000
»	Terre sans aucun engrais	27.000	»
	M. Butteux, à Saint-Quentin (Aisne).		
1.600	Engrais complet intensif n° 2...............	48.000	»
1.200	Engrais complet n° 2..	43.000	»
60.000	Fumier et guano.......	40.000	»
	M. Cavallier, au Mesnil-Saint-Nicaise (Somme).		
600	Engrais complet.......	48.000	27.000
1.200	— —	47.500	26.500
600	— —	45.000	24.000
1.700	— —	45.000	24.000
1.700	— —	44.000	23.000
1.200	— —	44.000	23.000
600	— —	42.000	21.000
1.200	— —	40.500	19.500
1.700	— —	40.000	19.000
60.000	Fumier de ferme......	28.000	7.000
»	Terre sans aucun engrais	21.000	»
	M. de Hédouville, à Saint-Dizier (Haute-Marne).		
1.800	Engrais complet intensif.	48.000	14.000
1.200	Engrais complet.......	44.000	10.000
51.100	Fumier de ferme......	40.000	6.000
38.000	— —	38.000	4.000
11.620	— —	54.000	»
»	Terre sans aucun engrais	34.000	»

M. Boursier, à Chevrière (Oise).

Kilogr.		Rendements par hectare.	Excédant sur la terre sans aucun engrais.
1.200	Engrais complet.......	47,900	11.000
30.000	Fumier de ferme......	43.000	7.000
»	Terre sans aucun engrais	36.000	»

M. Huin, à Bachy (Nord).

1.380	Engrais complet intensif 2° 4...............	47.200	»
»	Fumier et 1.660 kilogr. de tourteau.........	30.500	»

M. Huwaert, à Piéton (Belgique).

800	Engrais complet n° 2...	47.000	17.000
»	Terre sans aucun engrais	30.000	»

M. Méro, à Cannes (Alpes-Maritimes).

1.600	Engrais complet intensif n° 2...............	46.700	22.400
1.200	Engrais complet n° 2...	42.500	18.200
30.000	Fumier de ferme......	38.900	14.600
»	Terre sans aucun engrais	24.300	»

M. le marquis d'Havrincourt, à Havrincourt (Pas-de-Calais).

1.200	Engrais complet n° 2...	45.379	»
34.800	Fumier de ferme......	35.867	»

M. Matte, à Œutrange (Moselle).

1.200	Engrais complet n° 2 ..	45.300	5.700
48.000	Fumier de ferme......	42.900	3.300
»	Terre sans aucun engrais	39.600	»

M. Mosneron-Dupin, à Nantes (Loire-Inférieure).

(betteraves champêtres.)

1.240	Engrais complet intensif n° 2...............	44.600	»
60.000	Fumier de ferme......	38.300	»

betteraves a sucre.

1.600	Engrais complet intensif n° 2...............	43.400	»
60.000	Fumier de ferme.. ...	37.200	»

Compagnie sucrière, à Poix (Somme).

1.200	Engrais complet n° 2 ..	44.446	8.013
»	Terre sans aucun engrais	36.433	»

****

M. Crépin, à Proville (Nord).

Kilogr.		Rendements par hectare.	Excédant sur la terre sans aucun engrais.
1.750	Engrais complet intensif n° 2...............	44.000	14.000
1.200	Engrais complet........	42.000	12 000
»	Terre sans aucun engrais	30.000	»

M. Simon, à Garsche (Moselle).

1.200	Engrais complet n° 2...	43.500	4.500
60.000	Fumier de ferme......	41.400	2.400
»	Terre sans aucun engrais	39 000	»

M. Baroux, à Digeon (Somme).

1.600	Engrais complet intensif n° 2...............	43.404	»
1.200	Engrais complet n° 2..	41.011	»
46.200	Fumier de ferme......	21.916	»
40.500	Fumier de ferme......	22.444	»
90.000	Fumier de ferme......	24.443	»

M. Dudouy, à Soissons (Aisne).

1.600	Engrais complet intensif n° 2..............	43.000	34.400
30.000	Fumier de ferme......	28.400	19.800
»	Terre sans aucun engrais.	8.600	»

M. Vion, à Lœuilly (Somme).

»	Engrais complet n° 2...	42.873	3.293
20.000	Fumier de ferme......	49.325	9.745
33.000	Fumier de ferme......	29.914	en perte.
»	Terre sans aucun engrais.	39.580	»

M. Quilloteaux, à Mormant (Seine-et-Marne).

»	Engrais complet intensif n° 2..............	47.619	11.905
»	Engrais complet n° 2..	42.857	7.143
»	Terre sans aucun engrais.	35.714	»

M. le marquis d'Havrincourt, à Havrincourt (Pas-de-Calais).

1.200	Engrais complet n° 2...	42.672	»
33.000	Fumier de ferme......	29.914	»

M. Clocheret, à Erzange (Moselle).

1.200	Engrais complet n° 2..	42.600	18.000

Kilogr.		Rendements par hectare.	Excédant sur la terre sans aucun engrais.
60.000	Fumier de ferme......	33.600	9.000
»	Terre sans aucun angrais	24.600	»
	M. Bertin, à Montenach (Moselle).		
1.200	Engrais complet n° 2...	42.000	30.000
40.500	Fumier de ferme......	22.200	10.200
»	Terre sans aucun engrais	12.000	»
	M. Lebel, à Chevickey (Haute-Marne).		
1.200	Engrais complet n° 2...	42.000	»
40.000	Fumier de ferme......	40.000	»
	M. Ménard et Cᵉ, à Solesmes (Nord).		
1.200	Engrais complet n° 2...	42.000	6.000
»	Terre sans aucun engrais.	36.000	»
	M. Nels, à Haute-Yutz (Moselle).		
1.600	Engrais complet intensif n° 2..............	42.000	»
1.200	Engrais complet n° 2..	38.000	»
70.000	Fumier de ferme......	34.000	»
	M. Denoyon, à Blérancourt (Aisne).		
1.200	Engrais complet.......	41.000	19.300
»	Terre sans aucun engrais.	21.700	»
800	Engrais complet intensif n° 2...............	45.000	24.000
1.600	Fngrais complet intensif n° 2...............	44 000	23.000
1.200	Engrais complet n° 2...	41.000	20 000
»	Terre sans aucun engrais	21 000	»
	M. Warnier de la Tour (Aisne).		
1.200	Engrais complet n° 2...	41.400	19.700
»	Terre sans aucun engrais.	21 700	»
	M. le marquis de Virieu, à Pupetière (Isère).		
600	Engrais complet n° 2...	41.000	12.000
36.000	Fumier de ferme......	40.950	11.950
»	Terre sans aucun engrais.	29.000	»
	M. Rogier, à Beaulon (Allier).		
1.200	Engrais complet n° 2...	40 300	»
60.000	Fumier avec chaulage..	42.500	»

Kilogr.		Rendements par hectare.	Excédant sur la terre sans aucun engrais.
	M. Vilin, à Buchoire (Oise).		
»	Engrais complet n° 2...	40.000	10.000
»	Terre sans aucun engrais.	30 000	»
	M. Petit, à Verfmontins (Seine-et-Marne).		
1.200	Engrais complet n° 2...	40 000	»
»	Fumier de ferme......	50.000	»
	M. Maravange, au Châtelet-en-Berry (Cher).		
1.600	Engrais complet.......	40.000	»
50.000	Fumier de ferme......	25.000	»
	M. de Gillès, à Saulchoix-Clairy (Somme).		
1.600	Engrais complet intensif.	40.000	20.000
40.000	Fumier de ferme......	40.000	20.000
	Terre sans aucun engrais	20.000	»
	M. Debains, à Saint-Remi (Seine-et-Oise).		
1.600	Engrais complet intensif.	40.000	»
	Fumier de ferme......	37.500	»
	M. Grenouillet, à Pruniers (Indre).		
1.200	Engrais complet n° 2..	40.000	»
34.000	Fumier de ferme......	25.000	»
	M. Chevalier, à Francières (Oise).		
1.600	Engrais complet intensif	40.000	19.000
30.000	Fumier de ferme......	30.000	9.000
»	Terre sans aucun engrais	21.000	»
	M. Houel, à la Normanderie (Orne).		
1.600	Engrais complet intensif n° 2..............	48.490	»
1.200	Engrais complet n° 2..	42.795	»
45.000	Fumier de ferme, 300 k. guano..............	27.170	»
	M. Schmid, à Saint-Etienne-de-Chigny (Indre-et-Loire).		
1.200	Engrais complet n° 2..	40.000	40.000
	Terre sans engrais.....	»	»

MOYENNE DES RENDEMENTS.

1.274	kilogr. *Engrais chimique....*	43.640 kil.
47.521	» *Fumier de ferme....*	34.784 »
Excédant en faveur de l'engrais chimique		8.856 kil.

Cinquième série.

Rendements compris entre 30.000 *et* 40.000 *kilogr. de racines par hectare.*

M. Pluchet, à Trappes (Seine-et-Oise).

Kilogr.		Rendements par hectare.	Excédant sur la terre sans aucun engrais.
1.600	Engrais complet intensif n° 2..............	39.580	11.025
45.000	Fumier de ferme	56.764	28.209
	Terre sans aucun engrais	28.555	»

M. Dusanter, à Saint-Quentin (Aisne).

1.200	Engrais complet n° 2..	39.353	19.956
1.600	Engrais complet intensif n° 2..............	34.282	14.885
40.000	Fumier de ferme......	28.144	8.747
	Terre sans aucun engrais	19.397	»

M. Debailly, à Mèzières en Santerre (Somme).

1.600	Engrais complet intensif n° 2..............	39.200	23.200
40.000	Fumier de ferme......	30.300	14.300
	Terre sans aucun engrais	16.000	»

M. Rehm, à Basse-Yutz (Moselle).

1.600	Engrais complet intensif n° 2..............	38.500	10.500
1.200	Engrais complet n° 2..	35.425	7.425
	Terre sans aucun engrais	28.000	»

M. Baroux, à Digeon (Somme).

1.600	Engrais complet intensif n° 2..............	38.470	30.445
1.200	Engrais complet n° 2..	36.270	28.245
90.000	Fumier de ferme......	24.445	16.420
40.500	Fumier de ferme......	22.444	14.419
46.200	Fumier de ferme......	21.916	»
	Terre sans aucun engrais	8.025	»

M. Grenouillet, à Pruniers (Indre).

1.200	Engrais complet n° 2..	40.000	»
34.000	Fumier..............	25.000	»
1.200	Engrais complet n° 2..	38.000	»
34.000	Fumier de ferme......	38.000	»

Kilogr.		Rendements par hectare.	Excédant sur la terre sans aucun engrais.
1.200	Engrais complet n° 2...	36.000	»
34.000	Fumier de ferme......	28.000	»
	M. Cavallier, au Mesnil-Saint-Nicaise (Somme).		
600	Engrais complet	38.000	17.000
600	— —	35.000	14.000
1.700	— —	30.000	9.000
600	— —	30.000	9.000
60.000	Fumier de ferme	28.000	7.000
»	Terre sans aucun engrais	21.000	»
	M. de Hédouville, à Saint-Dizier (Haute-Marne).		
1.800	Engrais complet intensif	37.600	6.600
1.000	Engrais complet.......	30.900	100
23.200	Fumier de ferme	29.300	en perte.
11.620	— —	30.500	en perte.
»	Terre sans aucun engrais	30.800	»
	M. Chevalier, à Francières (Oise).		
1.200	Engrais complet.......	36.600	15.000
30.000	Fumier de ferme......	30.000	9.000
»	Terre sans aucun engrais	21.000	»
	M. Genermond, au Mesnil-Saint-Nicaise (Somme).		
1.600	Engrais complet intensif n° 2..............	37.740	»
1.200	Engrais complet n° 2..	33.500	»
	Rendement moyen avec le fumier...........	20.000	»
	M. Augé-Collin, à Gevigny (Haute-Saône).		
1.200	Engrais complet n° 2...	38.000	»
»	Fumier de ferme	30.000	»
	Société d'agriculture de Nice, à Nice (Alpes-Maritimes).		
	PETITES BETTERAVES COMESTIBLES.		
1.200	Engrais complet n° 2..	35.650	27.000
60.000	Fumier de ferme.......	10.950	2.000
30.000	Fumier de ferme......	14.550	5.600
»	Terre sans aucun engrais	8.950	»
	M. Vuaflart, à Caumont (Aisne).		
620	Engrais complet n° 2...	37.220	9.845

Kilogr.		Rendements par hectare.	Excédant sur la terre sans aucun engrais.
1.600	Engrais complet intensif n° 2..............	34.820	6.445
»	Terre sans aucun engrais	27.375	»
	M. Caribaux, à Estrées Deniecourt (Somme).		
1.200	Engrais complet n° 2...	35.000	»
»	Rendement moyen dans la contrée...........	26.000	»
	M. Tonnelier, à Gournay (Oise).		
1.600	Engrais complet intensif	35.200	20.200
1.200	Engrais complet.........	35 000	20 000
50.000	Fumier de ferme........	25.900	10.900
»	Terre sans aucun engrais.	15 000	»
	M. Caillet, à la Normanderie (Orne).		
1.600	Engrais complet intensif.	35 220	»
1.200	Engrais complet.......	34.665	»
60.700	Fumier de ferme......	31.690	»
	M. Triboulet, à Assainvilliers (Oise).		
1.200	Engrais complet.......	34.800	9.500
»	Terre sans aucun engrais	25.300	»
	M. Rolland, ferme de Saint-Bon (Haute-Marne).		
1.600	Engrais complet intensif n° 2...............	34.500	25.900
40.000	Fumier de ferme.......	42.000	33.400
»	Terre sans aucun engrais	8.600	»
	M. Chenu, au coteau par Metrai-sur-Yèvre (Cher).		
1.200	Engrais complet n° 2...	33.540	»
»	Fumier et chaulage....	40.000	»
	M. Vérel, à Langevinière (Sarthe).		
1.200	Engrais omplet n° 2..	32.400	»
»	Fumier.............	31.200	»
	M. Dudoüy, près Soissons (Aisne).		
1.200	Engrais complet n° 2...	31.000	28.800
30.000	Fumier de ferme......	28.400	26.200
»	Terre sans aucun engrais	2.200	»
	M. Warnier de la Tour.		
1.600	Engrais complet intensif n° 2...............	37.700	16.000
»	Terre sans aucun engrais	21.700	»

Kilogr.		Rendement par hectare.	Excédant sur la terre sans aucun engrais.
	M. le marquis DE VIRIEU, à la Pupetière (Isère).		
400	Engrais complet n° 2...	37.425	8.425
700	Engrais complet n° 2...	37.150	8.150
36.000	Fumier de ferme........	40.950	11.950
»	Terre sans aucun engrais	29.000	»
	M. BELFORT, à Stuckange (Moselle).		
1.200	Engrais complet n° 2...	30.600	18.100
60.000	Fumier de ferme......	24.000	1.500
»	Terre sans engrais.....	22.500	»
	M. LAMESINE, à Revillon (Aisne).		
1.600	Engrais complet intensif n° 2...............	30 000	26.000
»	Fumier de ferme......	5.000	1.000
»	Terre sans aucun engrais	4.000	»
	M. PERIN, à Ranguevaux (Meurthe).		
1.200	Engrais complet n° 2...	30.600	»
60.000	Fumier de ferme......	25.000	»
»	Terre sans aucun engrais	21.000	»

MOYENNE DES RENDEMENTS.

1.255 kilogr.	*Engrais chimique...*	35.373 kilogr.
42.511 »	*Fumier de ferme...*	28.920 »
	Excédant en faveur de l'engrais chimique..........	6.453 »

Sixième série.

Rendements compris entre 20,000 *et* 30,000 *kilogr. de racines par hectare.*

	M. LERMONT, à Estrées-Deniécourt (Somme).		
»	Engrais complet.......	29.500	»
»	Rendement moyen de la contrée.............	26.000	»
	M. DUSANTER, à Saint-Quentin (Aisne).		
»	Engrais complet.......	28.735	»
»	Fumier de ferme.......	28.735	»
	SOCIÉTÉ D'AGRICULTURE DU PAS-DE-CALAIS.		
1.600	Engrais complet intensif.	28.200	8.200
1.200	Engrais complet.......	28.200	8.200
60.000	Fumier de ferme.......	28.000	8.000

Kilogr.		Rendements par hectare.	Excédant sur la terre sans aucun engrais.
30.000	Fumier de ferme.......	28.500	8.500
»	Terre sans aucun engr.	20.000	»
	M. Maître, à Châtillon-sur-Seine (Côte-d'Or).		
»	Engrais complet intensif.	27.400	12.200
»	Engrais complet.......	22.500	7.300
70.000	Fumier de ferme......	26.100	10.900
»	Terre sans aucun engrais	15.200	»
	M. Albert, à Renigen.		
1.200	Engrais complet n° 2...	27.000	13.500
17.100	Fumier de ferme.......	17.400	3.900
»	Terre sans aucun engrais.	13.500	»
	M. Rolland, ferme de Saint-Bon (Haute-Marne).		
»	Engrais complet.......	26.500	17.900
40.000	Fumier de ferme......	28.000	19.400
»	Terre sans aucun engrais	8.600	»
	M. Vincent de S.-Bonnet, au château de Pollet (Ain).		
»	Engrais complet.......	26.100	»
»	Fumier de ferme......	30.500	»
	M. Buzy, à Woippy (Moselle).		
»	Engrais complet intensif.	25.576	25.576
»	Fumier de ferme	16.153	16.153
»	Terre sans aucun engrais	nul.	»
	M. Hées, à Entrange (Moselle).		
1.200	Engrais complet n° 2...	25.050	2.250
75.000	Fumier de ferme.......	23.400	600
»	Terre sans aucun engrais	22.800	»
	M. Lamesine, à Révillon (Aisne).		
»	Engrais complet.......	25 000	21.000
»	Fumier de ferme......	5.000	1.000
»	Terre sans aucun engrais	4.000	»
	M. Petit, à Condé (Nord).		
1.500	Engrais complet intensif.	25.000	»
70.000	Fumier de ferme et purin	15.000	»
	M. Buzy, à Woippy (Moselle).		
»	Engrais complet.......	24.230	24.230
»	Fumier de ferme......	16.153	16.153
»	Terre sans aucun engrais	nul.	»

*****

M. Lainné, à Braisne (Aisne).

Kilogr.		Rendements par hectare.	Excédant sur la terre sans aucun engrais.
»	Engrais complet n° 2...	24.000	»
35.000	Fumier de ferme.......	30.000	»

M. Maussier, à Saint-Étienne (Loire).

»	Engrais complet n° 2...	24.000	»

M. Waddington, à Saint-Remy (Eure),

1.200	Engrais complet n° 2..	23.750	»

Comice agricole de Vervins (Aisne).

»	Engrais complet.......	23.200	23.200
»	Fumier de ferme......	26.500	26.500
»	Terre sans aucun engrais.	Nul.	

M. le baron de Godin, à Arville (Belgique).

1.200	Engrais complet.......	23.000	»
40.000	Fumier de ferme......	24.000	»

M. Drouin, à Moyeure-Petite (Moselle).

1.200	Engrais complet n° 2...	22.500	11.400
60.000	Fumier de ferme......	21.000	9.900
»	Terre sans aucun engrais.	11.100	»

M. de Bonand, à Montigny (Allier).

»	Engrais complet.......	22.100	»
»	Fumier de ferme......	31.720	»

M. Rodicq, à Elckange (Moselle).

1.200	Engrais complet n° 2...	21.600	19.800
45.900	Fumier de ferme......	16.200	14.400
»	Terre sans aucun engrais	1.800	»

M. Vincent de Saint-Bonnet, à Pollet (Ain).

»	Engrais complet intensif,	21.300	»
»	Fumier de ferme.......	30.500	»

M. le comte de Diesbach de Gouy, à Arras (Pas-de-Calais).

1.200	Engrais complet.......	18.250	5.500
1.600	Engrais complet intensif.	18.150	5.400
60.000	Fumier de ferme......	25.000	12.250
30.000	Fumier de ferme......	22.800	10.050
»	Terre sans aucun engrais.	12.750	»

MOYENNE DES RENDEMENTS.

1.294 kilogr.	*Engrais chimiques.*	24.433 kilogr.
48.692 »	*Fumier de ferme..*	23.453 »
Excédant en faveur de l'engrais chimique..		980 kilogr.

La plupart des résultats de la sixième série proviennent de semis tardifs. Faute d'indication sur la quantité d'engrais chimique employé, j'ai admis la dose normale de 1,200 kilogr., ce qui est certainement au-dessus de la vérité, parce que dans le plus grand nombre des cas, on débute toujours par une dose réduite d'engrais.

Je ferai remarquer en outre que la quantité de fumier qu'on a employée n'ayant pas toujours été indiquée, j'ai exclu de la moyenne les rendements qui leur correspondent, or, ces rendements sont précisément les plus défavorables au fumier; les chiffres que je donne sont donc une *valeur minimâ.*

Quelles sont les conclusions qui découlent de cet ensemble de faits? Deux mots les résument; sur 190 expériences comparatives les engrais chimiques l'ont emporté 170 fois, et le fumier seulement 20 fois. Or, sur ces 20 résultats, la moitié appartient aux cultures de la dernière série qui sont toutes médiocres, et si l'on confond dans une moyenne unique tous les rendements, on trouve que :

1,326	kilogr. d'engrais chimiques ont produit. . . . . de betteraves par hectare alors que	51,948 kil.
50,650	kilogr. de fumier de ferme n'ont produit que.	41,811 kil.

soit un excédant de 10,137 kilogr. en faveur de l'engrais chimique.

L'année dernière a été exceptionnellement sèche et défavorable à la culture de la betterave; cependant, si on décompose les éléments qui précèdent, il en ressort que sur 190 résulats on a obtenu en moyenne par les engrais chimiques les rendements suivants :

8 fois	91,064	kilogr.	de racines	à l'hectare.
21 —	63,507	—	—	—
35 —	53,673	—	—	—
61 —	43,640	—	—	—
40 —	35,373	—	—	—
25 —	24,433	—	—	—

Chacune de ces catégories accusant sur les rendements obtenus par le fumier de ferme, un excédant moyen de 10,000 kilogr. par hectare.

Ces résultats sont-ils conformes aux indications publiées antérieurement par M. G. Ville? On peut en juger par ce qui suit :

M. Ville assure qu'avec 1,300 kilogr. d'engrais complet n° 2 *bis*

	A L'HECTARE.
Phosphate acide de chaux.	400 kilogr.
Nitrate de potasse..	200 —
Nitrate de soude.	400 —
Sulfate de chaux.	300 —
Total. . .	1,300 kilogr.

on obtient de 50 à 60,000 kilogr. de racines. Or la moyenne déduite des 190 expériences de 1868 accuse un rendement de 51,948 kilogr. pour 1,326 kilogr. d'engrais.

M. Ville ajoute qu'avec l'engrais complet intensif n° 2 :

	A L'HECTARE.
Phosphate acide de chaux.	600 kilogr.
Nitrate de potasse.........	400
Nitrate de soude..........	300
Sulfate de chaux..........	300
	1,600 kilogr.

à la dose de 1,600 kilogr. par hectare, les rendements oscillent entre 60 et 75,000 kilogr.; or la moyenne des trois premières séries, comprenant 64 expériences, est de 69,414 kilogr. de racines pour 1,379 kilogr. d'engrais.

Si l'on compare enfin les effets produits par l'engrais complet intensif à ceux de l'engrais complet ordinaire, on trouve que l'avantage reste manifestement à ce dernier. Cette infériorité relative est une conséquence de la sécheresse de l'année dernière.

Pour qu'un engrais intensif produise tout son effet, il faut que la plante, grâce à une humidité suffisante, puisse l'absorber.

Si cette condition n'est pas remplie, il se fait au sein de la terre un véritable départ entre les éléments constitutifs de l'engrais.

La matière azotée, qui est plus soluble,

agit seule, ce qui est une condition extrêmement défavorable au développement de la plante.

Eclairé par les effets de l'année dernière, je conseillerai aux personnes qui font à la betterave une place étendue dans leur culture, d'en mettre seulement la moitié au régime de l'engrais intensif, et l'autre moitié au régime de l'engrais complet simple. Si l'année est humide, avec l'engrais intensif les rendements pourront atteindre de 70,000 à 80,000 kilogr. Si l'année est sèche, l'engrais complet simple se montrera plus avantageux.

En opérant de cette manière, on multipliera les chances favorables et la moyenne générale atteindra la limite la plus élevée.

Me fondant sur les résultats de la pratique de M. Lavaux, j'avais prescrit pour le cas où l'on associe les engrais chimiques au fumier de ferme, le mélange suivant :

	A L'HECTARE.
Nitrate de potasse.	200 kilogr.
Nitrate de soude.	200 »
Total. . . .	400 kilogr.

Aujourd'hui l'expérience m'a amené à reconnaître qu'il est plus sûr de substituer à ce mélange 600 kilogr. d'engrais complet n° 2.

Lorsque le sol est suffisamment pourvu de phosphate, les deux nitrates déterminent un rendement plus élevé ; mais si cette condition n'est pas remplie, ce qui est le cas le plus général, l'engrais complet est d'un effet plus certain. — Le fumier ayant été enterré à l'automne dans les couches profondes du sol, on répand l'engrais chimique complémentaire en couverture à la surface.

Comme je l'avais annoncé au commencement de cet article, je ne veux m'occuper aujourd'hui que de la question du rendement; je tiens à réserver absolument celle de la dépense. Cette question ne pourra être abordée avec utilité qu'à l'issue de la deuxième culture.

Pour terminer et pour conclure, je me borne à reproduire les deux résultats qui résument toute l'expérience :

1,326 kilogr. d'engrais chimiques ont produit 51,948 kilogr. de betteraves à l'hectare, alors que 50,650 kilogr. de fumier de ferme n'en ont produit que 41,811 kilogr.

A titre de renseignements complémentaires, je publie, sous forme d'appendice, tous les résultats obtenus au moyen des engrais chimiques et du fumier de ferme, qui sont parvenus à ma connaissance. Ces résultats ne sont ni assez nombreux ni assez comparables pour les soumettre, quant à présent, à une discussion sérieuse et approfondie.

Dans un prochain article, je traiterai de la culture de la pomme de terre.

APPENDICE.

Septième série.

Culture mixte au fumier de ferme et aux engrais chimiques.

Kilogr.		Rendements par hectare.	Excédant sur la terre sans aucun engrais.
	M. de Fantboa, à Fuinal (Belgique).		
»	Engrais chimique et fumier................	90.000	»
»	Fumier de ferme.......	57.000	»
	M. Cail, à la Brèche (Indre-et-Loire).		
900	Engrais complet.......	64.000	»
30.000	Fumier de ferme......		
60.000	Fumier de ferme	67.500	»
30.000	Fumier de ferme.......	55.000	»
	M. Belin, à Brie-Comte-Robert (Seine-et-Marne).		
800	Engrais complet.......	63.770	»
40.000	Fumier de ferme......		
	M. Fiévet, à Masny (Nord).		
800	Engrais complet.......	61.162	»
50.000	Fumier de ferme		
62.000	Fumier de ferme......	51.550	»
	M. Tétard, à Mortières (Seine-et-Oise).		
»	Engrais complet intensif.	55.813	»
25.000	Fumier de ferme.......		
60.000	Fumier de ferme........	38.372	»
25.000	Fumier de ferme.......	29.069	»
	M. Belin, à Brie-Comte-Robert (Seine-et-Marne).		
800	Engrais complet intensif.	55.600	»
40.000	Fumier de ferme.......		
	M. Tétard, à Montières (Seine-et-Oise).		
»	Engrais complet.......	55.232	»
25.009	Fumier de ferme......		
60.000	Fumier de ferme.......	38.372	»
25.000	Fumier de ferme.......	29.069	»
	M. Lehoult, à Saint-Quentin (Aisne).		
600	Engrais complet.......	50.400	»
»	Fumier de ferme......		
»	Rendement moyen du pays................	28.000	»

M. de Gillès, à Saulchoix-Clary (Somme).

Kilogr.		Rendements par hectare.	Excédant sur la terre sans aucun engrais.
600	Engrais complet n° 2...	50.000	30.000
»	Fumier de ferme.......		
40.000	Fumier de ferme.......	40.000	20.000
»	Terre sans aucun engrais.	20.000	»

M. de Hédouville, à Saint-Dizier (Haute-Marne).

Kilogr.		Rendements par hectare.	Excédant sur la terre sans aucun engrais.
600	Engrais complet.......	49.500	11.000
10.000	Fumier de ferme.......		
44.000	Fumier de ferme.......	52.400	13.900
33.000	Id.	48.200	9.700
22.000	Id.	51.600	13.100
20.000	Id.	50.500	12.000
»	Terre sans aucun engrais.	38.500	»

Société d'agriculture de Melun (Seine-et-Marne).

Kilogr.		Rendements par hectare.	Excédant sur la terre sans aucun engrais.
322	Engrais complet.......	48.937	4.193
25.000	Fumier de ferme.......		
50.000	Fumier de ferme........	43.569	en perte.
»	Terre sans aucun engrais.	44.744	

M. Cail, à la Briche (Indre-et-Loire).

Kilogr.		Rendements par hectare.	Excédant sur la terre sans aucun engrais.
900	Engrais complet	48.500	»
30.000	Fumier de ferme....		
60.000	Fumier de ferme......	35.000	»

M. Chavée-Leroy, à Clermont-les-Fermes (Aisne).

Kilogr.		Rendements par hectare.	Excédant sur la terre sans aucun engrais.
450	Engrais complet.....	47.300	15.800
48.000	Fumier de ferme.....		
»	Terre sans aucun engrais	31.500	»

M. le marquis d'Havrincourt, à Havrincourt (Pas-de-Calais).

Kilogr.		Rendements par hectare.	Excédant sur la terre sans aucun engrais.
1.200	Engrais complet.....	45.379	»
34.800	Fumier de ferme.....		
34.800	Fumier de ferme......	35.857	»

M. Boucher, à Mont-Duloc (Aisne).

Kilogr.		Rendements par hectare.	Excédant sur la terre sans aucun engrais.
700	Engrais complet	43.000	»
25.000	Fumier de ferme....		
50.000	Fumier de ferme......	30.000	»

M. LE MARQUIS D'HAVRINCOURT, à Havrincourt (Pas-de-Calais).

Kilogr.		Rendements par hectare.	Excédant sur la terre sans aucun engrais.
1.200	Engrais complet.....	42.000	»
33.000	Fumier de ferme ...		
33.000	Fumier de ferme......	29.914	»

M. DELBRASSINE, au château de Fay (Somme).

400	Engrais complet......	42.500	»
50.000	Fumier de ferme.....		
50.000	Fumier de ferme......	32 500	»

M. DEBAINS, à Saint-Remi (Seine-et-Oise).

»	Engrais complet intensif	42.500	»
»	Fumier de ferme		
»	Fumier de ferme.......	37.500	»

M. MARAVANGE, au Châtelet (Cher).

	Engrais complet.......	40.000	»
50.000	Fumier de ferme......		
50.000	Fumier de ferme.......	25.000	»

M. GENERMONT, au Mesnil-Saint-Nicaise (Somme).

400	Engrais complet.......	38.110	»
	Fumier mis en septembre		
400	Engrais complet.......	36.240	»
	Fumier mis en février..		
	Rendement moyen du pays...............	20.000	»

M. BAROUX, à Digeon (Somme).

500	Engrais complet......	33.568	»
46.200	Fumier de ferme......		
46.200	Fumier de ferme.......	21.916	»

LA POMME DE TERRE.

Je compte suivre pour la pomme de terre le même plan que pour la betterave, c'est-à-dire multiplier, autant qu'il dépendra de moi, la comparaison entre le fumier de ferme et les engrais chimiques.

Les résultats que nous avons constatés pour la betterave se reproduisent sur la pomme de terre : l'engrais chimique l'emporte dans la grande majorité des cas; seulement les expériences comparatives ayant été moins nombreuses, je ne pourrai, à mon grand regret, donner à cette comparaison toute la rigueur que j'aurais voulu; aussi insisterai-je de préférence sur les rendements auxquels on peut prétendre au moyen des engrais chimiques, lorsqu'on prend en considération toutes les chances défavorables avec lesquelles la grande culture doit compter.

Je me demanderai, en outre, quel est l'engrais qui convient le mieux à la pomme de terre, et comme on ne saurait parler de cette plante sans s'occuper de la maladie qui la frappe trop souvent, je rapporterai quelques observations propres à nous éclairer sur le moyen le plus sûr d'en atténuer, si ce n'est d'en prévenir les effets.

I.

RENDEMENT.

Je l'ai dit dans mon article sur la betterave, ce que l'agriculture demande en ce moment, ce ne sont pas des théories, mais des faits, rapportons donc les faits qui nous ont été communiqués.

J'ai annoncé, dès 1865, qu'on pouvait aisément obtenir, au moyen d'une fumure chimique, de 20 à 30,000 kilogr. de pommes de terre par hectare (300 à 460 hectolitres). Cette indication étant tirée d'expériences faites sur une petite échelle, on pouvait craindre qu'elle ne fût pas confirmée par la grande culture. Or quels ont été les résultats obtenus en 1868? Ils sont au nombre 85 que l'on peut classer ainsi :

	Rendements à l'hectare.	
	Kilogr.	Hectol.
17 ont produit en moyenne	38.271	588
16 — —	24.288	373
26 — —	17.266	265
24 — —	11.119	171

Ce qui donne comme moyenne générale un rendement de 22,736 kilogr. (350 hectolitres) par hectare, en employant 1,090 kilogr. d'engrais complet.

Au lieu de prendre la moyenne générale, si l'on divise les résultats de toutes les récoltes en deux catégories, les bons et les mauvais, on trouve que sur quatre cultures trois donnent une moyenne de 26,608 kilogr. (409 hectol.) contre une dont le produit n'est que de 11,119 (171 hectol.), trois très-bons rendements contre un médiocre.

Les expériences faites en 1868 sur les

pommes de terre concluent donc en faveur des engrais chimiques, et confirment au-delà de mes prévisions les résultats de mes propres expériences. Un tel accord a trop d'importance pour que nous négligions de présenter au lecteur les faits qui l'établissent, dût-il trouver peut-être excessif ce surcroît de preuves.

Mais notre but étant de poursuivre la définition des problèmes agricoles jusqu'à leur source la plus reculée, on nous pardonnera l'insistance que nous mettons à livrer à l'appréciation de tous les éléments qui servent de base à nos propres déductions.

Première série.

Rendements compris entre 30.000 *et* 50.000 *kilogr. ou* 460 *et* 770 *hect. de tubercules par hectare.*

M. Dagincourt, à Saint-Amand, (Cher).

Kilogr.		Rendement à l'hectare. Kilogr.	Excédant sur la terre sans aucun engrais. Kilogr.
1.200	Engrais complet n° 5..	50.000	»
»	Rendement moyen dans la contrée avec fumier..............	12.000	»

M. Barbanson, à Bruxelles (Belgique).

600	Engrais complet.......	47.600	»

M. Camoin, à Marseille (Bouches-du-Rhône).

900	Engrais complet n° 3...	46.000	»
1.000	Engrais complet n° 3...	43.000	»
1.000	Engrais complet n° 3...	43.000	»
1.000	Engrais complet n° 3...	40.000	
1.000	Engrais complet n° 3...	39.500	

M. Motel, à Compiègne (Oise).

1.600	Engrais complet intensif	44.300	7.8[illegible]0

Kilogr.		Rendement à l'hectare. Kilogr.	Excédant sur la terre sans aucun engrais. Kilogr.
1.200	Engrais complet.......	40 300	3.800
60.000	Fumier de ferme......	51.500	14.600
30.000	Fumier de ferme.......	40.300	3.800
»	Terre sans aucun engrais	36.500	»

M. DENOYON, à Blérancourt (Aisne).

1.300	Engrais complet.......	36.500	16.000
1.700	Engrais complet intensif	30.000	9.500
60.000	Fumier de ferme.......	20.000	en perte
	Terre sans aucun engrais	20.500	»

M. COSSOMBIER, à Chanteheux (Meurthe).

1.000	Engrais complet.......	33.510	17.310
»	Terre sans aucun engrais	16.200	»

M. MARCOU, à Troussas (Seine-et-Oise).

1.200	Engrais complet.......	35.000	11 200
1.000	Engrais complet.......	30.000	6.200
»	Terre sans aucun engrais	23.800	»

M. BOUGON, à Noyon (Oise).

750	Engrais complet.......	31.000	10.445
27.000	Fumier de ferme......	22.777	2.222
»	Terre sans aucun engrais	20.555	»

M. CHEVALIER, à Francière (Oise).

1.600	Engrais complet intensif	30 900	4.900
0.000	Fumier de ferme......	30 700	4.700
»	Terre sans aucun engrais	26.000	»

M. JEAN, à Roquevaire (Bouches-du-Rhône).

1.200	Engrais complet n° 3..	30.000	»
50.000	Fumier de ferme......	20.000	»

MOYENNE DES RENDEMENTS.

		Rendement par hectare. Kilogr.	Hectol.
1.129	Engrais complet.......	38.271	588
42.833	Fumier de ferme.......	30.812	474
	Excédant en faveur de l'engrais chimique..	7.459	114

Deuxième série.

Rendements compris entre 20.000 *et* 30.000 *kilogr. ou* 307 *et* 360 *hect. de tubercules à l'hectare.*

M. JOURDAIN, à Felletin (Creuse).

Kilog.		Rendement à l'hectare. Kilogr.	Excédant sur la terre sans aucun engrais. Kilogr.
1.200	Engrais complet.......	28.719	»
»	Fumier de ferme.......	17.673	»
	M. DENOYON, à Blérancourt (Aisne).		
1.100	Engrais complet.......	28.500	8.000
60 000	Fumier de ferme......	20.000	en perte
»	Terre sans aucun engrais	20.500	»
	M. REJAUNIER, à Cublize (Rhône).		
1.200	Engrais complet.......	27.000	»
50.000	Fumier de ferme......	20.000	»
	M. LARPIN, à Roclès (Allier).		
1.000	Engrais complet.......	26.000	10.000
»	Terre sans aucun engrais	16.000	»
	M. BAROUX, à Digeon (Somme).		
1.200	Engrais complet.......	25.482	13.859
1.200	Engrais complet.......	25 156	13.533
50.000	Fumier de ferme......	22.019	10.396
»	Terre sans aucun engrais	11.623	»
	M. DURAND-MISSÈCLE, à Missècle (Tarn).		
500	Engrais complet.......	25.200	»
40.000	Fumier de ferme......	15.840	»
	M. MOHR, à Ribécourt (Oise).		
1.000	Engrais complet.......	25.000	8.000
»	Terre sans aucun engrais	17.000	»
	M. FONVIEILLE, à Landuzière (Oise).		
1.000	Engrais complet n° 3..	24.250	»
10.000	fumier de cheval et de latrines............	20.160	»
	M. DE RIBEROLLES, au château de Ravel (Puy-de-Dôme).		
1.200	Engrais complet n° 3..	24.000	»
40.000	Fumier de ferme......	20.000	»

M. Pagnoul, à Arras (Pas-de-Calais).

Kilogr.		Rendement à l'hectare. Kilogr.	Excédant sur la terre sans aucun engrais. Kilogr.
1.000	Engrais complet n° 3...	23.400	»
30.000	Fumier de ferme.......	16.950	»

M. de Matharel, au Chéry (Puy-de-Dôme).

1.000	Engrais complet n° 2...	22.760	8.400
»	Terre sans aucun engrais	14.300	»

MM. Dufour et Figarol, à Epinal (Vosges).

1.100	Engrais complet n° 2...	21.450	11.180
»	Terre sans aucun engrais	10.270	»

M. Gromier, à Lyon (Rhône).

1.000	Engrais complet.......	21.000	»
20.000	Fumier de ferme.......	nul.	»

M. Villerand, à Maison-Neuve (Dordogne).

1.130	Engrais complet n° 3...	20.255	»

M. de Matharel, au Chéry (Puy-de-Dôme).

1.000	Engrais complet n° 2...	20.500	5.400
»	Terre sans aucun engrais	15.100	»

Moyenne des rendements.

		Rendement par hectare. kilogr.	hect.
1.051	Engrais complet......	24.288	373
37.500	Fumier de ferme.....	16.871	259
	Excédant en faveur de l'engrais chimique..	7.417	114

Troisième série.

Rendements compris entre 15.000 *et* 20.000 *kilogr.*
230 *et* 307 *hectol. de tubercules par hectare.*

MM. Dufour et Figarol, à Épinal (Vosges).

1.600	Engrais complet intensif.	19.955	9.685
»	Terre sans aucun engrais	10.270	»

M. Nyssens, à Anvers (Belgique).

1.500	Engrais complet intensif n° 3...............	19.250	»

Kilogr.		Rendement à l'hectare. Kilogr.	Excédant sur la terre sans aucun engrais. Kilogr.
2.000	Engrais complet intensif n° 3..................	18.500	»
1.000	Engrais complet n° 3...	16.000	»
40.000	Fumier et cendres de tourbes..............	6.000	»
20.000	Fumier et cendres de tourbes..............	1.200	»
	M. de Beauroyre, à la Rigole (Dordogne).		
1.000	Engrais complet........	19.200	12.200
38.000	Fumier de ferme......	13.600	6.600
»	Terre sans aucun engrais	7.000	»
	M. le baron Dael de Koeth, à Sœrgenloch, près Mayence.		
1.000	Engrais complet n° 2...	19.200	400
700	Engrais complet.......	17.000	en perte
»	Terre sans aucun engrais	18.800	»
	M. le comte de Liedekerke, à Bruxelles (Belgique).		
1.200	Engrais complet.......	18.450	»
50.000	Fumier de ferme.......	12.900	»
	M. de Neyrieu, au château de la Grive (Isère).		
1.000	Engrais complet n° 3...	18.000	»
	M. Damoisy, à Saint-Quentin (Aisne).		
1.200	Engrais complet.......	18.000	5.000
»	Terre sans aucun engrais	13.000	»
	M. le comte de Lavaulx, à Villers-Agron (Aisne).		
1.300	Engrais complet.......	17.775	»
1.700	Engrais complet intensif	16.125	»
1.000	Engrais complet.......	16.875	»
	MM. Dufour et Figarol, à Épinal (Vosges).		
1.600	Engrais complet intensif	17.550	7.280
»	Terre sans aucun engrais	10.270	»
	M. Roze, à Sens (Yonne).		
1.000	engrais complet.......	17.446	6.876
900	Engrais complet.......	18.564	7.994
900	Engrais complet.......	15.361	4.791
»	Terre sans aucun engrais	10.570	»

SOCIÉTÉ D'AGRICULTURE de Nice (Alpes-Maritimes).

Kilogr.		Rendement à l'hectare. Kilogr.	Excédant sur la terre sans aucun engrais. Kilogr.
800	Engrais complet.......	16.800	4.700
1.600	Engrais complet intensif	16.400	4.300
60.000	Fumier de ferme......	26.000	13.900
30.000	Fumier de ferme.......	18.400	6.300
»	Terre sans aucun engrais	12.100	»
	M. VILLERAND, à Maison-Neuve (Dordogne).		
1.090	Engrais complet n° 3...	16.640	»
	MM. DUFOUR et FIGAROL, à Épinal (Vosges).		
1.600	Engrais complet intensif.	16.426	6.156
»	Terre sans aucun engrais	10.270	»
	M. DE GILLÈS, à Saulchoix-Clary (Somme).		
1.000	Engrais complet n° 3...	16.400	»
55.000	Fumier de ferme......	20.800	»
	M. SOLMINIHAC, au château de Héniau (Finistère).		
550	Engrais complet.......	16.000	»
»	Rendement moyen du pays avec fumier....	12.000	»
	M. GRENOUILLET, à Pruniers (Indre).		
1.200	Engrais complet.......	16.000	»
	M. DAGINCOURT, à Saint-Amand (Cher).		
1.100	Engrais complet n° 2...	16.000	»
»	Rendement moyen du pays avec fumier....	11.000	»
	M. BOREL, au château de Collex (Suisse).		
1.000	Engrais complet.......	15.020	»
25.000	Fumier de ferme.......	20.470	»

MOYENNE DES RENDEMENTS.

		Rendements par hectare. Kilogr.	Hectol.
1.174	Engrais complet.......	17.266	265
39.750	Fumier de ferme......	14.921	229
	Excédant en faveur de l'engrais chimique.	2.345	36

Quatrième série.

Rendements compris entre 7,000 *et* 15,000 *kilogr., ou* 115 *et* 230 *hectolitres de tubercules par hectare.*

M. Bourcart, au château de Chatellier (Cher).

Kilogr.		Rendement à l'hectare. Kilogr.	Excédant sur la terre sans aucun engrais. Kilogr.
307	Engrais complet........	15.000	»

M. Crepel, à Wailly (Pas-de-Calais).

1.000	Engrais complet........	14.850	2.100
30.000	Fumier de ferme.......	20.625	7.875
»	Terre sans aucun engrais.	12.750	»

M. Borel, à Château-Fay (Seine-et-Oise).

1.000	Engrais complet.......	14.040	»
18.000	Fumier de ferme.......	10.666	»

M. Maussier, à Saint-Etienne (Loire).

1.200	Engrais complet n° 3...	14.625	»
40.000	Fumier de ferme......	14.000	»

M. de Matharel, au Chéry (Puy-de-Dôme).

1.000	Engrais incomplet n° 2.	13.800	5.8 0
1.200	Engrais complet n° 2...	13.000	5.1 0
»	Terre sans aucun engrais.	8.000	»

M. Lebel, à Chevickey (Haute-Marne).

1.000	Engrais complet n° 3...	13.760	1.960
40.000	Fumier de ferme.......	15.120	3.320
»	Terre sans aucun engrais.	11.800	»

M. Genermont, au Mesnil-Saint-Nicaise (Somme).

1.000	Engrais complet........	13.650	»

M. le baron Dael de Koeth, à Sœrgenlöch (près Mayence).

1.300	Engrais complet n° 5...	12.900	»

M. Grandeau, à Nancy (Meurthe).

1.800	Engrais complet intensif.	12 000	en perte
1.650	Engrais complet intensif.	8.300	en perte
»	Terre sans aucun engrais.	17.900	»

M. LAINNÉ, à Braisne (Aisne).

Kilogr.		Rendement à l'hectare. Kilogr.	Excédant sur la terre sans aucun engrais. Kilogr.
1.200	Engrais complet n° 2....	12.000	»
50.000	Fumier de ferme.......	12.000	»

M. VÉREL, à l'Angevinière (Sarthe).

1.000	Engrais complet........	11.080	»
25.000	Fumier de ferme.......	10.400	»

M. BUSY, à Woippy (Moselle).

1.200	Engrais complet intensif.	10.384	8.269
1.000	Engrais complet........	9.784	7.669
50.000	Fumier de ferme.......	13.076	10.961
»	Terre sans aucun engrais.	2.115	»

M. DELESTRAC, à Cucuron (Vaucluse).

600	Engrais incomplet n° 2..	9.680	»
»	Terre ayant reçu en 1867 1.200 kil. engrais complet..............	9.821	»

M. VINCENT DE SAINT-BONNET, au château de Pollet (Ain).

1.200	Engrais complet........	9.400	»
1.400	Engrais complet intensif.	8.800	»
50.000	Fumier de ferme.......	18.500	»

M. MAILLOT, à Dampierre-sur-Salon (Haute-Saône).

600	Engrais complet n° 1...	9.320	»
500	Engrais complet.......	9.000	»
»	Rendement moyen du pays avec fumier....	9.000	»

M. CAIL, à la Briche (Indre-et-Loire).

64[illegible]	Engrais complet intensif.	8.250	750
490	Engrais complet........	8.250	750
60.000	Fumier de ferme.......	7.500	»
30.000	Fumier de ferme.......	8.625	1.125
»	Terre sans aucun engrais.	7.500	»

M. DE GILLÈS, à Saulchoix-Clary (Somme).

1.200	Engrais complet n° 3....	7.760	1.360
»	Terre sans aucun engrais.	6.400	»

M. Goussard de Mayolles, au château de Haut-Brizay (Indre-et-Loire).

Kilogr.		Rendement à l'hectare. Kilogr.	Excédant sur la terre sans aucun engrais. Kilogr.
714	Engrais complet n° 3....	7.125	3.450
34.000	Fumier de ferme.......	6.450	2.775
»	Terre sans aucun engrais.	3.675	»

Moyenne des rendements.

		Rendements par hectare. Kilogr.	Hectol.
1.008	Engrais complet........	11.119	171
39.700	Fumier de ferme.......	11.633	178
	Excédant en faveur du fumier..	514	7

Si l'on déduit la moyenne générale des rendements pour les quatre séries, on trouve que :

		Kilogr. Par hectare.	Hectol.
1.090 kil.	d'engrais chimique ont produit...........	22.736	350
39.946	de fumier de ferme...	18.559	285
	Excédant en faveur de l'engrais chimique..	4.177	65

Ainsi l'engrais chimique l'emporte sur le fumier.

Si l'on se reporte aux quantités d'engrais chimiques employées, on trouve que les meilleurs rendements ont été obtenus avec des doses modérées d'engrais; ce qui s'explique par la sécheresse exceptionnelle de l'année dernière.

Le fait qui domine tous les autres dans

l'expérience de 1868, c'est l'indication du rendement moyen auquel on peut prétendre à l'aide des engrais chimiques, et la connaissance des probabilités que l'on a de l'atteindre. Sous ce rapport, l'indication est formelle, il y a trois chances pour que la moyenne de 26,608 kilogr. soit dépassée, contre une pour qu'il reste à 10 ou 12,000 kilogr.

Si l'on m'avait dit il y a quelques années que la pratique confirmerait à ce point les résultats des expériences de Vincennes, je n'aurais pas osé l'espérer. Je vois dans cet accord un motif de plus pour recommander l'usage des champs d'expériences. Qui serait donc tenté aujourd'hui d'en contester l'utilité en face de tels témoignages, alors que la dépense qu'ils occasionnent ne peut jamais se traduire par un mécompte financier?

II.

L'ENGRAIS.

Je passe à la définition de la formule de l'engrais qui convient le mieux à la pomme de terre.

Les lecteurs du *Journal d'Agriculture pratique* savent, par les excellents articles que M. Lecouteux a consacrés à l'exposition de la doctrine des engrais chimiques, que la donnée fondamentale sur laquelle elle repose, c'est qu'un mélange de phosphate de chaux, de potasse, de chaux et de matière azotée manifeste partout une action fertilisante qui n'a de comparable que celle du fumier de ferme. Ils savent de plus que si le nombre des substances qui composent l'engrais chimique est fixé invariablement à quatre, leur rapport réciproque doit changer suivant la nature des plantes; il faut à la betterave une forte dose de matière azotée, tandis qu'une faible dose suffit à la pomme de terre, à l'égard de laquelle c'est la potasse qui remplit la fonction prédominante; fixons ce point fondamental par quelques données irrécusables :

En 1865 on avait établi au champ d'expériences de Vincennes, sur une bande de terre épuisée, six cultures parallèles, au moyen des engrais suivants :

1° Engrais complet.
2° Engrais sans azote.
3° Engrais sans potasse.
4° Engrais sans phosphate.
5° Engrais sans chaux.

Or voici quel a été le témoignage de cette expérience comparative :

	Rendement à l'hectare.	
1° Engrais complet.............	27.950	kilogr.
2° Engrais sans chaux..........	23.350	—
3° Engrais sans phosphate	17.900	—
4° Engrais sans azote..........	16.750	—
5° Engrais sans potasse.........	10.520	—
6° Terre sans aucun engrais.....	7.700	—

Sur les cinq parcelles fumées, celle qui

n'avait pas reçu de potasse a donné le plus faible rendement. Donc la potasse est la *dominante* de la pomme de terre?

Puis viennent par ordre d'importance, le phosphate de chaux et la matière azotée.

Est-il bien certain que l'influence de la potasse l'emporte sur celle de la matière azotée, comme l'expérience précédente tend à l'établir?

Je puis le démontrer par des preuves de deux ordres : par une expérience analogue à celle de Vincennes, dont nous sommes redevables à M. Boursier, à Compiègne :

	Rendement à l'hectare.
Engrais complet intensif.	26.640 kilogr.
Engrais sans phosphate.........	26.400 —
Engrais sans chaux...........	25.900 —
Engrais sans azote.............	23.000 —
Engrais sans potasse...........	18.800 —

Ces résultats sont moins saillants que dans l'expérience de Vincennes, parce que a terre n'était pas parvenue à un degré aussi avancé d'épuisement, mais ils concluent de la même manière.

Je passe à la seconde preuve :

En 1865, l'engrais complet a produit à Vincennes 27,950 kilogr. de tubercules, à l'hectare; dans cet engrais il y avait 100 kilogr. de potasse et 400 kilogr. de phosphate acide de chaux.

La même année, l'engrais sans phosphate n'a donné que 17,900 kilogr. de tubercules, ce qui nous apprend que la suppression du phosphate s'est traduite par un abaissement de rendement de 10,000 kilogr. par hectare.

En 1867, au contraire, l'engrais complet ayant produit 24,600 kilogr. de tubercules par hectare, l'engrais sans phosphate en a produit 28,000 kilogr.

Au lieu d'une réduction il y a eu cette fois accroissement. Pourquoi? Parce que dans l'engrais complet la dose de la potasse n'était que de 100 kilogr. comme en 1865, alors que dans l'engrais sans phosphate elle atteignait 250 kilogr.

Un excès de potasse a suffi pour élever le rendement au-dessus de celui de l'engrais complet, malgré la suppression du phosphate de chaux.

Si, contre mon attente, on trouvait cette démonstration incomplète, je pourrais la raffermir par une autre expérience.

Nous avons reconnu que la dose de la matière azotée avait une influence marquée, quoique de second ordre, sur le rendement de la pomme de terre. Eh bien, que l'on supprime la potasse de l'engrais, et la matière azotée devient absolument inerte.

	Rendement à l'hectare.
1865. Engrais complet contenant 117 kilogr. d'azote................	27.950 kilogr.
1867. Engrais complet contenant 76 kilogr. d'azote.................	24.600 —
1865. Engrais sans potasse contenant 117 kilogr. d'azote...........	10.520 —
1867. Engrais sans potasse contenant 76 kilogr. d'azote............	10.500 —

Quelle est donc exactement la dose à laquelle il faut employer la matière azotée?

Pour résoudre cette question, j'ai institué en 1867 et en 1868 deux séries parallèles de cultures avec des engrais contenant des doses croissantes d'azote, les autres termes de l'engrais restant invariables.

Voici les rendements qu'on a obtenus :

	1867. Kilogr.	1868. Kilogr.
Engrais complet contenant 76 kilogr. d'azote...........	24.600	19.300
Engrais complet contenant 44 kilogr. d'azote...........	22.000	»
Engrais complet contenant 28 kilogr. d'azote...........	28.700	19.300
Terre sans aucun engrais..	7.650	4.500

D'où il faut conclure que si la matière azotée a un effet utile, il n'en faut cependant qu'une dose modérée; aussi me suis-je arrêté à la formule suivante que je considère comme la plus sûre et la plus avantageuse :

Engrais complet n° 3.

	A l'hectare. Kilogr.	Fr.	
Phosphate acide de chaux..	400	64	256 fr.
Nitrate de potasse.........	300	186	
Sulfate de chaux..........	300	6	

Dans cet engrais, l'azote figure pour 42 kilogr., et la potasse pour 131.

Lorsque la pomme de terre forme une culture à peu près exclusive, lorsqu'elle revient chaque année sur la même terre comme cela a lieu dans les Vosges ou dans certaines parties de l'Auvergne où elle sert à la fabrication de la fécule, il est prudent de recourir tous les deux ou trois ans à un engrais plus riche que le précédent.

Je propose alors l'ENGRAIS COMPLET N° 5 :

	A l'hectare. Kilogr.	Fr.	
Phosphate acide de chaux..	600	96	414 fr.
Nitrate de potasse........	500	310	
Sulfate de chaux..........	400	8	

Mais à propos de ce dernier engrais qui appartient à la catégorie des engrais intensifs, je dois renouveler la recommandation que j'ai faite dans mon article sur la betterave. Il en faut user avec modération, et ne l'admettre que pour la moitié ou le tiers de la surface cultivée.

Dans une année humide, les engrais intensifs produisent des rendements vraiment énormes; mais si la sécheresse sévit, l'avantage reste alors aux engrais modérés, et dans ce dernier cas les engrais intensifs peuvent même provoquer des accidents sur lesquels nous avons besoin d'insister.

Pour qu'une plante prospère, il ne suffit pas qu'elle trouve dans le sol tous les éléments qui lui sont nécessaires, il faut en outre qu'ils lui soient offerts dans certaines proportions. C'est ainsi qu'en exagérant outre mesure la dose de la matière azotée dans l'engrais complet on détermine à coup sûr la verse des céréales, et on peut même aller jusqu'à provoquer de véritables maladies sur la betterave et la pomme de terre.

Dans cet ordre de faits la sécheresse exerce une influence analogue : les divers éléments dont l'engrais se compose n'étant pas doués de la même solubilité, les sels de potasse et les sels ammoniacaux sont absorbés de préférence aux phosphates.

Or si l'exclusion de ceux-ci dépasse une certaine limite, la plante peut en recevoir une atteinte mortelle ; on voit donc comment une sécheresse trop prolongée provoque quelquefois des effets analogues à ceux qui résultent de l'abus d'un engrais incomplet.

Nous sommes redevables de cette explication aussi ingénieuse que savante à M. Joulie, qui l'a formulée le premier dans un travail des plus intéressants sur la dernière maladie de la vigne. M. Chavée-Leroy a publié depuis des observations analogues, dont il sera question lorsque nous traiterons de la culture de l'orge.

Une dernière recommandation sur laquelle je ne saurais trop insister, c'est de ne pas concentrer l'engrais autour de la semence, mais de le répandre à la surface du sol après le dernier labour et de l'incorporer aux couches superficielles par un hersage énergique.

Lorsqu'on veut associer les engrais chimiques avec le fumier de ferme, il est prudent de ne pas en employer plus de

20,000 kilogr. par hectare, afin de ne pas introduire dans le sol une trop forte dose de matière azotée. Dans ce cas spécial, le fumier ayant été enterré dans les couches profondes du sol, on répand à la surface 500 kilogr. d'engrais complet n° 3.

Voici quelques résultats obtenus dans ces conditions :

Engrais chimiques associés au fumier de ferme.

M. Barbanson, à Bruxelles (Belgique).

Kilogr.		Rendement à l'hectare. Kilogr.	Excédant sur la terre sans aucun engrais. Kilogr.
600	Engrais complet……	30.400	»
25.000	Fumier de ferme……		
600	Engrais complet……	20.400	»
10.000	Fumier de ferme……		
10.000	Fumier de ferme……	9.600	»

M. Bougon, à Noyon (Oise).

Kilogr.		Rendement à l'hectare. Kilogr.	Excédant sur la terre sans aucun engrais. Kilogr.
400	Engrais complet……	26.444	5.889
27.000	Fumier de ferme……		
27.000	Fumier de ferme……	22.777	2.222
»	Terre sans aucun engrais	20.555	»

M. de Riberolles, au château de Ravel (Puy-de-Dôme).

Kilogr.		Rendement à l'hectare. Kilogr.	Excédant sur la terre sans aucun engrais. Kilogr.
800	Engrais complet n° 3..	24.000	»
30.000	Fumier de ferme……		
40.000	Fumier de ferme……	20.000	»

M. Borel, au château de Collex (Suisse).

Kilogr.		Rendement à l'hectare. Kilogr.	Excédant sur la terre sans aucun engrais. Kilogr.
500	Engrais complet……	22.130	»
25.000	Fumier de ferme……		
25.000	Fumier de ferme……	20.470	»

M. de Guaita, à Nancy (Meurthe).

Kilogr.		Rendement à l'hectare. Kilogr.	Excédant sur la terre sans aucun engrais. Kilogr.
1.400	Engrais complet……	22.000	»
50.000	Fumier de ferme……		
60.000	Fumier de ferme……	17.600	»

M. BOREL, au Château-Fraye (Seine-et-Oise).

Kilogr.		Rendement à l'hectare. Kilogr.	Excédant sur la terre sans aucun engrais. Kilogr.
500	Engrais complet......	17.350	»
18.000	Fumier de ferme.....		
18.000	Fumier de ferme.... .	10.666	»

M. VÉREL, à l'Angevinière (Sarthe).

500	Engrais complet......	10.880	»
12.000	Fumier de ferme.....		
25.000	Fumier de ferme......	10.400	»

M. MAYRE, aux Boulayes (Seine-et-Marne).

600	Engrais complet......	12.300	»
25.000	Fumier de ferme.....		

III.

LA MALADIE.

J'arrive aux observations nouvelles que j'ai annoncées sur la maladie de la pomme de terre.

Pour qu'on puisse en apprécier la portée, j'ai besoin de rappeler les résultats de mes expériences antérieures.

En 1867, sur une bande de terre, découpée en parcelles contiguës, d'un are de superficie, que séparait un chemin d'un mètre de large, la maladie fit soudainement son apparition sur deux parcelles : celle qui avait été cultivée sans aucun engrais depuis huit ans et celle qui n'avait jamais reçu de potasse.

A la récolte, la quantité de tubercules

malades se trouva sur ces deux parcelles au moins dix fois plus forte que sur toutes les autres.

L'épuisement du sol en minéraux et surtout en potasse semble donc favoriser la maladie ; j'avais remarqué antérieurement qu'un excès de matière azotée avait aussi une influence défavorable : conditions dont M. Liebig, M. Payen et le docteur Kamrodt avaient signalé les dangers.

Diverses observations faites l'année dernière par M. le marquis d'Havrincourt, M. Jacob à Saint-Christo en Jarret et M. Grenouillet à Pruniers, avaient fortifié ces premières indications.

La campagne de 1868 aura contribué à les étendre et à les raffermir.

Chez M. le colonel Roze, aux environs de Sens, sur quatre parcelles où l'on a expérimenté simultanément l'engrais complet et des matières azotées, on a obtenu :

	Rendement à l'hectare.	
1° Engrais complet (très-belles et saines)........................	17.446	kilogr.
2° Matière azotée (sulfate d'ammoniaque) (moyennes et malades)	18.564	—
3° Matière azotée (nitrate de soude) (moyennes et malades).....	15.361	—
4° Terre sans aucun engrais (petites, laides et peu malades)	10.570	—

Chez M. Denoyon, à Blérancourt, il s'est produit des faits analogues et encore plus significatifs :

	Rendement à l'hectare.		
	Kilogr.	Tubercules malades. Kilogr.	0/0
1° Engrais complet intensif contenant 400 kilogr. de potasse..................	30.000	4.500	15
2° Engrais complet contenant 76 kilogr. d'azote et 100 kilogr. de potasse..........	36.500	7.000	20
3° Engrais complet contenant 40 kilogr. d'azote et 150 kilogr. de potasse..........	28.500	3.500	12
4° Sulfate d'ammoniaque.	31.000	12.500	40

On le voit, la quantité de pommes de terre malades coïncide avec l'excès de matière azotée, l'abaissement de la potasse et l'exclusion des minéraux.

D'un autre côté, plusieurs personnes, et notamment M. Barbanson, à Bruxelles, et M. Rejaunier, à Cublize, ont observé que les pommes de terre venues avec l'engrais chimique étaient de meilleure qualité et se conservaient mieux que celles obtenues avec le fumier.

Faut-il conclure de ces indications que la maladie des pommes de terre est une question désormais résolue, et que la science nous a livré son dernier mot? Telle n'est pas mon opinion, ce qui me paraît hors de doute cependant, c'est que l'épuisement du sol en phosphate de chaux et en potasse, provoqué par l'abus des engrais azotés, peut avoir des conséquences extrêmement graves, favoriser l'envahissement des plantes par des parasites d'origine végétale ou animale, dont la multiplication leur est toujours très préjudiciable. Pour beaucoup de bons esprits, la maladie de la pomme de terre, celle qui sévit aux colonies sur la canne à sucre et celle de la vigne n'auraient pas d'autre cause. Les faits que nous possédons ne sont pas assez nombreux pour justifier à mes yeux une conclusion aussi radicale; mais si je m'abstiens lorsqu'il s'agit de décider sur la cause du mal, mon hésitation cesse lorsqu'il s'agit, au contraire, de prononcer sur l'engrais qui convient de préférence à la pomme de terre.

A cette plante, il faut une faible dose d'azote et une forte dose de potasse. Avec un tel engrais (et l'engrais complet n° 3 remplit ces conditions) le rendement est élevé, la dépense modérée et la qualité de tubercules aussi bonne que le comportent les conditions météorologiques de l'année qu'il faut aussi prendre en considération.

Comme conclusion finale, je m'en tiendrai donc à cette indication, dont la pratique appréciera d'autant plus la valeur qu'elle consentira à la soumettre à un contrôle plus sévère et plus étendu.

Les résultats obtenus sur le froment, le colza, les haricots, le lin, l'orge, l'avoine, me feront l'objet d'un deuxième opuscule.

EXTRAIT DU CATALOGUE

DE

LA LIBRAIRIE AGRICOLE,

RUE JACOB, N° 26.

OUVRAGE M. G. VILLE

Recherches expérimentales sur la végétation; in-8°.

La Production agricole. Conférences agricoles faites en 1864, au champ d'expériences de Vincennes; in-8°.

La Maladie des pommes de terre; in-8°.

L'Ecole des engrais chimiques. Premières notions de l'emploi des agents de fertilité — guide pratique pour l'établissement des champs d'expériences; in-12. 1 fr.

La Betterave et la Législation des sucres. Conférence faite à Arras le 30 mai 1868; in-8° avec planche.

Les Engrais chimiques. Entretiens agricoles donnés au champ d'expériences de Vincennes en 1867; in-8°.

POUR PARAITRE LE 15 JUILLET :

Les *Entretiens* de 1868, IIe volume des *Engrais chimiques;* ils comprennent la monographie des plantes à sucre (BETTERAVE, CANNE A SUCRE, MAÏS, SORGHO, TOPINAMBOUR, NAVET), des plantes à fécule (POMME DE TERRE), des plantes oléagineuses (COLZA, CHOU) et des plantes textiles à graines oléagineuses (LIN, CHANVRE). (*Sous presse.*)

Paris. — Typ. Adolphe Lainé, rue des Saints-Pères, 19.

www.ingramcontent.com/pod-product-compliance
Ingram Content Group UK Ltd.
Pitfield, Milton Keynes, MK11 3LW, UK
UKHW020433180726
13839UKWH00003B/1466

9 782329 432311